O livro de pedra filosofal

Alquimia

STEVEN SCHOOL

ISBN:154064670X
ISBN-13:9781540646705

AVISO PRÉVIO

DEDICAÇÃO

Este escrito trabalho dedica-se à moderna geração de mentes curiosas e é influenciada pela mão do tempo. É um trato alquímico no grande trabalho do sol e a lua ou a separação e conjunto respectivos na devida proporção, como é feito em conformidade com a natureza.

SUMÁRIO

AGRADECIMENTOS

Como o grande e Venerável pai das luzes nos disse nas tábuas de esmeralda, tem seu nascimento na terra, o vento (água) carregou em seu ventre, sua força que porventura adquirir no fogo e da uma coisa, vem todas as coisas pela adaptação.
Sal para a Cruz.
S.A.S. 2016.

www.howtomakethephilosophersstone.com

1 INTRODUÇÃO

No mundo antigo da alquimia, havia dois tipos de pessoas, aqueles que conheciam os segredos da arte e aqueles que não o fez. Essas duas classes de pessoas foram descritos na Bíblia como o ignorante e o sábio, e isto também foi simbolizado pelo despertar de Adão e Eva quando eles consumidos o fruto proibido da árvore do conhecimento do bem e do mal. Ele foi escrito que os pastores tendem a seus rebanhos de ovelhas, sendo aqueles que estão proibidos de participar de tal conhecimento secreto, a fim de manter a separação de classes para se todos fossem iguais, então não haveria nenhum reis ou rainhas para governar o mundo inferior. Ao longo da história tem havido reuniões secretas, sociedades secretas, marcada pelo simbolismo que é encontrado em toda parte. Uma xícara secreta, uma bebida secreta, beber o irmão e ao vivo, era o lema dos iniciados. Jesus na última ceia, segurando um copo de madeira, o Santo Graal para todos para ver, mas compreendido somente pelos sábios. Poucos escolhidos ou os iluminados. A antiga ciência coberto um grande muitos tópicos tais como a medicina, ciência, metalurgia, matemática, astrologia, astronomia e muito mais. Hermes Trismegistus foi chamado o pai da ciência e foi creditado como sendo uma figura chave no desenvolvimento da arte hermética. Os antigos egípcios utilizaram o ankh como símbolo da vida eterna, porque eles acreditavam que o homem foi destinado a viver para sempre em perfeita saúde sem doença ou morte. Esta teoria é marcada pela árvore da vida, que é escrita na Bíblia. Há alguns que acreditam que o poderoso carvalho pode viver por milhares de anos e ainda mais que desde que Deus criou todas as coisas iguais a crescer e a multiplicar-se em espécie, que então deveria também ser conosco e com todas as outras coisas, incluindo os metais e as pedras. Vida eterna marcado pela árvore da vida e simbolizada por um segredo iniciada jardim chamado Éden para os escolhidos poucos que encontraram a maneira ou de outra maneira, os iluminados que andam pela terra como "Deuses", considerando-se a ser mais do que apenas mortais simplesmente porque eles possuem o conhecimento que outros não foi revelado por milhares de anos. Jesus foi dito ter sido um carpinteiro, e quase todos sabem que trabalham com madeira. Foi também disse ter viajado a terra miraculosamente cura os doentes com uma quantidade de pó de cor esbranquiçada. O processo alquímico primitivo começou com uma simples fórmula de fogo e água para agir sobre a matéria. Isto também foi visto quando várias tribos indígenas construíram canoas em que iria selecionar uma árvore caída e use o fogo para fazer oca antes isso extinguendo com água. Eles então raspar a parte carbonizada e repita este trabalho até a canoa estava em forma e pronto para uso. Acharam muito mais fácil de cortar a madeira com fogo do que com as ferramentas da mão de um trabalhador comum e esta é a alquimia, a antiga fórmula de fogo e água. Estes são pontos interessantes a considerar a medida que progredimos no restante deste livro.

Steven School. 2016.

2 MEDICAMENTOS ANTIGOS

The tree of life.

Antigos alquimistas acreditavam que as doenças e enfermidades do corpo eram de apenas um efeito colateral ou sintoma de um desequilíbrio do ph indivíduos, enquanto questões que envolvem a mente foram associados com amônia no cérebro ou na corrente sanguínea. Eles também acreditavam em uma medicina, uma medicina universal que neutralizam a amônia ácida ou mesmo e nos trazer de volta para um equilíbrio de ph alcalino para que o corpo pode curar ou reparar-se, gerando novas células. Este "medicamento" foi-lhe dito para causar um fortalecimento dos Membros (ossos) e dizia-se também a ser conhecido pelo fato de que ele faz com que as plantas a florescer. Eles acreditavam que talvez não era a murchar e morrer, mas em vez disso, para continuar a crescer como o poderoso carvalho, aqui no jardim que foi construído por nós. Ao longo dos anos ouvi histórias de perto experiências de morte, que incluía brilhantes luzes brancas e histórias de glória e esplendor. Tenho notícias, quando eu era uma criança de aproximadamente cinco ou seis anos de idade, que minha avó me levou em uma viagem para Tehachapi porque ela queria olhar terreno á venda na esperança de construir sua casa de sonho para sua aposentadoria. Para fazer um short longo da história, vou direto ao ponto da questão. Como ela se encontrou com o pessoal de vendas... fiquei no playground que tinha dentre as corrediças metálicas altas típicas do início para médio dezenove anos setenta. Um garoto mais velho bateu-me fora do slide e caí de costas na areia, eu bati minha cabeça no rodapé do concreto para um dos suportes verticais. O mundo começou a girar e então tudo se desvaneceu ao preto. Acordei três dias mais tarde no hospital e minha avó estava sentada ao lado da cama. Ela disse que eu tinha começado um abalo de bater a cabeça no concreto, mas quando desembarquei nas minhas costas o meu coração tinha parado. Ela me disse que quando que os paramédicos chegaram meu coração não batia, eu não tinha pulso, eu também não estava respirando. Eu estava completamente sem resposta e informaram-lhe que eu estava morto. Minha avó estava histérica, eles tentaram de tudo o que podiam e conseguiram fazer algo de bom parece porque eu acordei três dias depois. Muitos anos se passaram e eu pensei que a esse tempo, lembrando o que tinha ocorrido. Eu mesmo comecei a descrever os acontecimentos para os outros, sempre ouvi as pessoas falando sobre as pessoas na TV, descrevendo a vida após a morte, ou perto de experiências de morte e assim por diante. De acordo com o que eu passei meu entendimento é que fui para o outro lado e volte. O que eu vi foi nada, negritude, vazio, uma completa falta de existência. Esse tempo se foi, não havia nada lá que me levou à conclusão de que se quisermos encontrar a vida eterna que é prometida para nós na Bíblia que deve vir antes da morte, e não desde que após a morte é o oposto da vida. Tudo o que temos na morte, é exatamente o oposto do que tínhamos em vida, yin e yang, branco e preto, luz e escuridão. O sono eterno de morte, ou o dom da vida eterna. Os alquimistas tinham interesse no carvalho dourado poderoso. Por sua força, sua longevidade e seu crescimento contínuo. O dourado carvalho, o soma de ouro. Uma manhã eu acordei e preparado para ir ao trabalho, notei algo diferente neste dia, meus joelhos doem e sentiam-se como osso contra osso. As articulações não queria funcionar corretamente e eu podia ouvir clicando em barulhos quando tentei para cima ou para baixo que também foi bastante difícil. Isto tinha venha rapidamente e foi inesperado. Comecei a me preocupar, eu ficaria aleijado? Eu seria capaz de funcionar e para cuidar de mim? Isso me levou a pesquisar o assunto on-line e a primeira coisa que me deparei durante uma pesquisa na internet que me chamou a atenção é que dores nas articulações e especialmente os joelhos é um sinal de um mal funcionamento do fígado. Eu sabia que quando eu nasci meu corpo criado que precisava, ossos, cartilagens, órgãos vitais, massa encefálica, etc. Rapidamente percebi que quando meu fígado não estava funcionando corretamente, ele parou a habilidade do meu corpo para se regenerar e para reparar-se como natureza tinha pretendido. Minha pesquisa indicou que o fígado supostamente poderia regenerar novas células para reparar-se em um período de três meses. Pousei as bebidas alcoólicas, bebi água gelada com limão fatiado. Eu fui a dois diferentes vitamina armazena para obter suplementos, bem como encomendar alguns on-line que não carregam. Comecei com comprimidos de cardo de leite que eram suposto para ser bom para o meu fígado, eu também escolhi pílulas de cartilagem de tubarão, cápsulas de óleo de peixe e chá de ervas Echinacea. Comecei a montar minha bicicleta novamente também. Primeiro uma volta em torno do bloco, depois dois, depois três... Meus joelhos, agora me sinto ótimo. Eu tenho ouvido sobre outros que preferiu a cirurgia que pode deixam cicatrizes. Eu pus minha fé na mãe natureza primeiro, e ela não me desapontou. A moral da história é isso, ponho a hipótese que meu corpo está destinado a curar-se! Meus joelhos artríticos foram apenas um efeito colateral de um problema subjacente. Quase esqueci de mencionar um dos suplementos que comprei e é um dos meu cálcio máxima favoritos, coral, que é espalhado boatos para ajudar a oxigenar o corpo em cima sendo uma grande fonte de cálcio na minha opinião. Oxigênio... o sopro de Deus! Quando considero relatos bíblicos de pessoas supostamente viver por mil anos ou mais, eu contemplo o fato de que tanto o ar e a qualidade da água devem ter sido muito melhores em seu tempo. Não há milhares de automóveis preso na hora do rush queimando meu precioso oxigênio, sem flúor e controle de natalidade literalmente sendo bombeado para meus torneiras. E depois há os escritos bíblicos que instruem-nos para não comer pão levedado, fermento significa levedura, que é um organismo vivo que se alimenta de açúcar para criar o álcool. Creio que a Bíblia tem razão sobre não querer isto em nosso corpo. Também diz para não comer suína cascos biunguladas, microorganismos?, parasitas?, vermes? Eu também gostaria de mencionar algo que descobri recentemente, ambos batatas e tomates são um membro da família do nightshade das plantas. Pretinha é venenosa. As batatas e os tomates no entanto são apenas muito levemente tóxicos, mas por causa disso muitos curandeiros naturais não aconselham a comê-los, não há mais batatas fritas com ketchup, purê de batatas, salada de batata, etc. Eu desenvolvi varizes prematuramente em parte da vida de certeza é devido ao receber uma queimadura de terceiro grau, mas não tudo. Eu fui um ávido bebedor de café para muitos, muitos anos. Pode beber de manhã, ao meio-dia, noite ou até mesmo a noite. Um bule de café é suficiente para mim na hora do almoço. Eu decidi parar de beber, mas depois de seis horas minha mente e o corpo disseram cara, para o inferno não! Eu senti como se meu cérebro tinha encolhido, aparentemente é agora uma esponja para a cafeína. Afinal de contas estes muitos anos de sobre entregando-se ele está provando um hábito difícil de quebrar. Minha pesquisa indica que os vasos sanguíneos não são resistentes, não acredito que eles têm alguma elasticidade para eles o que quer dizer que se eles são esticados para fora, eles não retornam volta ao seu tamanho original ou a forma. Café contém cafeína, que é o sangue bombeando a toda velocidade à frente amigo, mas o que acontece quando o efeito desaparece? Meus vasos sanguíneos ficam soltas e esticado para fora?, eu acho que sim. Se esta hipótese estiver correta então isso não afetaria negativamente meu sistema cardiovascular? Pelo menos a cafeína está bombeando meus suplementos de cálcio coral por todo meu corpo. Sendo que eu estou atualmente solteiro eu comer coisas congeladas pré-embalados principalmente para microondas. Isso chegou ao meu conhecimento porque eu continuo recebendo pouco crescimentos na parte de trás da minha cabeça. Câncer vem à mente e por algum motivo que meu instinto diz-me a considerar o microondas. Agora, vamos volte para a medicina antiga. Então, os alquimistas de há muito tempo dizia-se ter acreditado em um remédio universal, um elixir dourado, uma soma de ouro. A árvore da vida bíblica vem à minha mente aqui, onde está essa coisa?, o que é isto? Deixe-nos começar com a primeira palavra de sua descrição, árvore. Como um tapa na cara pode ser tão simples? Os antigos sábios escreveram sobre sua golden bough ou seu ramo dourado, bem como uma soma de ouro ou um elixir dourado. Em seus enigmas eles adoravam dançar e dica para a árvore de carvalho. Um em particular na minha mente, a árvore de carvalho dourada. Eu escavou as cinzas da minha lareira, (cinzas de carvalho), cultivá-los para pó e cozido-los usando uma caçarola no meu forno. Minha intenção era purificar as cinzas no calor pela queima as impurezas do combustíveis. Coloquei o assunto esfriou meu pote de café com alguns filtros empilhados é fabricada como café. A água que encheu o pote era de uma cor dourada, evaporou-se algumas coisas à secura e foi deixada com um pó branco. O sal alcalino de cloreto de potássio é um tópico interessante quando podemos aprofundar os escritos que residia em frente neste seção. Os antigos alquimistas advertiu que demais (excessivo) de "elixir", o segredo deles teria fogo o corpo e o espírito da exaustão. Minha própria hipótese pessoal é que o potássio demais provavelmente poderia causar um ataque cardíaco. Eu percebi que quando eu espalhar as cinzas em meu jardim parece ser a melhor comida de planta que eu já vi, faz com que a vegetação no meu jardim a florescer, exuberante e verde. Eu polvilhe em cinzas de madeira e depois esperar que a mãe natureza trazer a chuva. Águas pluviais e cinzas, fazendo com que as minhas plantas a florescer. Dois mil anos atrás no primeiro século Plínio, o velho escreveu Historia Naturalis que eu acredito que significa história natural. Dois mil anos leva-na caminho de volta para as profundezas da alquimia. O que é um ótimo lugar para procurar insights sobre a antiga ciência! Os escritos claro são aparentemente interminável mas rendeu uma joia. Naqueles tempos, Pliny sugeriu que um pode deixar teu coração seja teu armário de remédios. Uma lareira é uma lareira e o que ele contém mas as cinzas de madeira? Arqueólogos descobriram ossadas de gladiador da época romana. Enquanto estudava os restos para determinar o que pode ter sido sua dieta, foi determinado que eles beberam uma bebida medicinal das cinzas do fogo pit misturado com água. Acredito que isto também é alto em estrôncio. Relatórios indicam que esta bebida ajudou a acelerar a recuperação de ferimentos e seus ossos também foram relatados para ter sido mais forte ou mais densa do que as de pessoas normais do tempo. Lembro-me que Jesus caminhou supostamente a terra curando os enfermos, ele foi dito ter sido um carpinteiro e eles trabalham com madeira. Algumas pessoas acreditam que ele tinha um saco de pó branco que acrescentou para água, (transformou água em vinho). Ouvi algumas opiniões que o Santo Graal é a taça de Jesus, e que supostamente era feita de madeira. Acredito que na imagem da última ceia ele pode estar segurando tal uma taça para o mundo ver. Madeira, fogo e água, uma bebida, uma medicina, alquimia. Talvez um segredo destinado somente para aqueles que têm olhos para ver? Vamos dar uma olhada o que Moisés tem a dizer, ele não ia viveram por cerca de 986 anos ou assim?

ÊXODO VERSÃO PADRÃO EM INGLÊS 32:20.

Ele tomou o bezerro que tinham feito e queimou com fogo e terra ao pó e dispersos-lo na água e fez o povo de Israel a beber.

Eu acredito que há muito tempo, na época esquecida antes de jogos de vídeo foram inventados, que algumas pessoas costumavam esculpir estatuetas de madeira. **O sal do mundo?, o sal da terra?.**

Mateus 05:13 rei livro de James (KJV)

13 Vós sois o sal da terra: mas se o sal perder seu sabor, com o qual deve ser salgada? a partir daí é bom para nada, mas para ser expulso e ser o pisado pelos homens.

Boo de John 04:13-14 King James (KJV)

13 Jesus respondeu e disse-lhe, todo aquele que bebe desta água terá sede outra vez:

14 Mas todo aquele que bebe da água que eu lhe der nunca mais terá sede; Mas a água que eu lhe der será em um poço de água brotando na vida eterna.

Eu gostaria de mencionar agora minha opinião sobre a árvore do conhecimento do bem e do mal. Essa árvore da qual Adão e Eva dizia-se ter comido do fruto proibido. Proibido proscrito, proibido, ilegal, perseguidos, processado, expulsos do jardim bebê, mãos.

Gênesis 02:16-17 o rei James livro (KJV)

16 E o SENHOR Deus comandou o homem, dizendo: de toda árvore do jardim tu podes comer livremente:

17 Mas da árvore do conhecimento do bem e do mal, não comerás dela: porque no dia em que dela comeres certamente morrerás.

Eu vou compartilhar o meu entendimento sobre essa questão em termos simples, a Cannabis não é uma planta, é uma árvore. Eu vi as árvores grandes e altas e com casca neles. Que planta cresce dezoito ou mais pés de altura com casca grossa nele? Uma árvore. Pesquisadores estão agora a teorizar que maconha causa a neurogênese, que é a habilidade do corpo para reparar seu próprio cérebro danificado pelo crescimento de novas células. Faz-me lembrar do meu fígado e meus joelhos que abordamos anteriormente. Consumo do "fruto proibido" parece estimular o pensamento profundo e profundo. Há algumas pessoas lá fora que a hipótese de que este material pode ter cura qualidades para coisas como câncer. Também tem sido especulado que esta substância pode ter a

8

capacidade de reparar danos cerebrais causados pelo consumo excessivo de álcool. Deixe-no progresso, a o próximo assunto que eu gostaria de cobrir.

Ao longo da história o vinagre tem sido usado como um tônico medicinal frequentemente infundido com coisas tais como ervas, especiarias, óleos essenciais, alho, cebolas, açafrão e uma grande variedade de outras coisas. Ele tem sido usado topicamente, bem como internamente. Eu bebo uma quantidade minúscula de vez em quando diluída em água gelada, eu às vezes também uso um pouco de vinagre de maçã topicamente na minha psoríase. Outro remédio caseiro que eu tentei é um pouco de bicarbonato de sódio em um copo de água. Ponho a hipótese que poderia ser alcalinizantes ou talvez equilibrar o PH. Ainda suponho que pode neutralizar a amônia na corrente sanguínea que é claro é apenas meus pensamentos ou opinião e não constitui aconselhamento de qualquer tipo.

Praticantes de gregos antigos da medicina tais como Hipócrates (400 A.C.) dizia-se misturar vinagre de maçã com mel como um medicamento para uma variedade de doenças. Vinagre também supostamente era usada cerca de 218 A.C. a desmoronar-se grandes pedregulhos. Um incêndio foi construído contra as grandes rochas para obtê-los muito quente e em seguida o vinagre foi vertido na fazendo com que as pedras de crack. Água e fogo, alquimia no trabalho, espero que eles usavam seus óculos de segurança. Eu acredito que nós cobrimos Cleopatra dissolvendo pérolas em vinagre na seção sobre pedras alquímicas. Tem havido rumores de que o vinagre pode ser útil na redução ou eliminação de microrganismos. Durante a época de Jesus vinagre também era chamado de vinho que pode ser visto na Bíblia e isto é interessante porque pode ajudar a entender certos versos deste livro. Durante a época medieval vinagre foi infundido com alho e consumida como uma bebida medicinal para afastar a peste. Nos tempos modernos esta é supostamente chamada quatro vinagre de ladrões. Vinagre tem sido usada no passado como um anti-séptico para limpar e desinfectar feridas. Os alquimistas europeus da idade média eram também conhecidos por ter usado vinagre em suas obras alquímicas sobre a pedra filosofal.

Como uma árvore cresce solúvel minerais e nutrientes são carreg acima pela ação da água onde eles teoricamente se tornar bloqueados dentro da madeira. Os alquimistas acreditavam que estes blocos de edifício da natureza poderia ser liberados e separados pela ação da água e fogo. Da escuridão vem a brancura, a pomba branca.

3 FOGO SECRETO

Ao pesquisar a história da alquimia um tende a se deparar com referências a uma água secreta que acreditava-se ser necessário para executar ou realizar a grande obra do magnum opus. Esta substância foi espalhado boatos para conter o que os alquimistas chamado fogo secreto. Nos escritos de Theophrastus Paracelsus, ele sugeriu que essa água foi vendida pelos boticários do seu tempo. John Pontanus escreveu que ele tinha mais de duzentos tentativas falhadas na criação da sua pedra até que ele leu as obras escritas alquímicas de Artephius que ele creditou para dar-lhe a compreensão adequada da questão. Então, qual é esta água aparentemente indescritível?

Nos escritos de Artephius, ARGENT VIVA.

Os alquimistas amava se comunicar através de simbolismo, códigos secretos e anagramas como vive argent. Basta Rearranje as letras para revelar o segredo... VINEGARET. Vinagre na terminologia moderna.

Nicholas Flamels carta para seu sobrinho que ele mencionou seu Conselho sobre este assunto, (saber com o que agente deve ser fortificado com seu "Mercúrio" ou vai ser como a água comum).

Vinagre branco é principalmente água destilada com uma pequena quantidade de ácido acético. O ácido acético é o "fogo secreto" contido na água que era necessária para realizar a obra alquímica. Nos tempos modernos, isto é simplesmente chamado o caminho de metal acetato.

A chave secreta que desbloqueia os metais.

4 A PEDRA FILOSOFAL

O termo pedra filosofal parece para a maioria das pessoas que ele infere um segredo e mística pedra, enquanto ainda outros ainda acreditam que talvez fosse mesmo mítico na natureza. Vamos começar esta seção com uma iluminação do que era a "pedra". Alquimia é um estudo e/ou replicação da natureza. O método antigo e simples do fogo e da água agindo sobre a matéria. Os alquimistas sabiam três áreas básicas de trabalho, a planta, animal e minerais reinos. Medicamentos para mamíferos foram disse que figuram nos dois primeiros reinos enquanto tinturas para minerais tais como metais e pedras foram acreditadas para ser encontrado neste último. O método de trabalho no reino mineral foi chamado em tempos o caminho de acetato metal modernos. Minérios metálicos foram trabalhados em cima pelos antigos sábios com vinagre para produzir acetatos de metal tóxicos que foram subsequentemente transformados em que hipoteticamente foram chamado filósofo s pedras. Desde há mais de um minério metálico que seria compatível com o caminho de metal acetato, havia mais de uma pedra dos filósofos. Eram tantas pedras diferentes como existem tais minérios compatíveis. Cada "pedra" tinha seu próprio espectro de cor de acordo com o conteúdo mineral do minério. Alguns minérios podem ser mais difícil de quebrar, então eles podem ter sido mais compatíveis com o caminho seco, que começou com torrefação. Eu sinto que é importante notar aqui, mesmo que esta seção não é sobre técnicas ou métodos entretanto assar minérios produziram como se chamava o hálito venenoso do dragão que mata ou mata tudo em seu caminho. Não tente qualquer uma destas coisas em casa, não respirar os fumos qualquer, não consomem quaisquer substâncias. Este livro foi escrito apenas para referência histórica e não se destina a constituir conselhos de qualquer tipo. Então teoricamente falando lá poderia ser tantas pedras de diferentes filósofos como existem minérios metálicos compatíveis com o caminho de acetato metal. Corantes de alquimistas inventados para muitos coisas como vidro, tecidos, pratos, pratos, copos, taças, tapeçarias e de acordo com a lenda metais, bem como pedras. Cada pedra tinha seu próprio espectro de cor, como já mencionado anteriormente. Um exemplo disso seria vermelho para ferro (Marte), enquanto o ferro e enxofre (pirita de ferro) é associado com a cor do ouro. De acordo com a crença alquímica o alquimista assistida natureza na criação de suas pedras, os materiais que trabalhou em cima foram escolhidos pelo espectro de cores de acordo com a intenção de cada artista individual. (O que pretendiam usar sua pedra para). E a ideia básica era que estas previstas cor pedras alquímicos, bem como (fusão) de transmutação dos metais. Há alguns que acreditam que quando a natureza cria pedras preciosas dentro da crosta da terra que a cor vem de discriminados ou decomposta minérios metálicos. Isto é interessante porque muitos mineiros de ouro de hard rock acreditam que ouro é frequentemente encontrado nas veias de Limonite onde cristais de pirita de ferro tem decomposto. Então, talvez os praticantes da ciência antiga se destina a acompanhar o trabalho da natureza na criação e ou coloração de metais e pedras preciosas. Outra crença era que todas as coisas descem ou evoluem no sentido de ouro ao longo do tempo e isso é interessante, quando eu olho para piritizadas fósseis. Sóis de pirita, (o sol alquímico soa familiar aqui) cristais de pirita em veias de limonita, ouro se decompôs caracóis de pirita, ovos de pirita, etc.

Algumas pessoas gostam de pensar a pedra como um cristal de sal e comparar o trabalho para o crescimento de cristal básico.

Isto parece simplificar o assunto.

5 O CAMINHO MOLHADO GUALDUS

Trituração - para moer em um pó fino, tão bem quanto os pintores moer as cores. Crédito - Theophrastus Paracelsus.

O microcosmo selado de alquimista. Em terminologia moderna, isso pode ser chamado um ecossistema. O assunto foi por terra como pó e colocada na retorta (uma parte). O vinagre foi adicionado (duas partes). Os alquimistas gostavam de começar o grande trabalho na primavera e no progresso durante os meses de verão, em conformidade com a natureza para que nenhum calor externo era necessário. Temperatura ambiente ou a luz solar para uma destilação solar. Como Flamel disse, o calor de uma galinha para incubação. Nos meses de inverno que alguns alquimistas enterraram sua embarcação sob sua casa na terra, quando usando o método de um navio, outros usado esterco fresco, cinzas quentes, nem soda cáustica para manter o vidro quente ou perto da temperatura do corpo. O trabalho prosseguiu lentamente e naturalmente, dissolvendo, extração, sublimação, circulando, exaltando, destilação. O agente e o paciente, o volátil e o fixo.

Como o vinagre dissolvido matéria na retorta começou a liberar o ácido sulfúrico ocorre naturalmente a pirita de ferro. Este líquido claro chamava-se o sangue do leão verde (sulfeto de ferro) e foi gentilmente destilado sobre o leme com o vinagre branco pela mão da natureza, alquimistas advertiu que o praticante apenas define as condições apropriadas, a natureza faz o trabalho, sem a imposição de mãos. Na retorta ocorreram as mudanças de cor que o trabalho avançava. Preto, branco, amarelo, a cauda do pavão e vermelho.

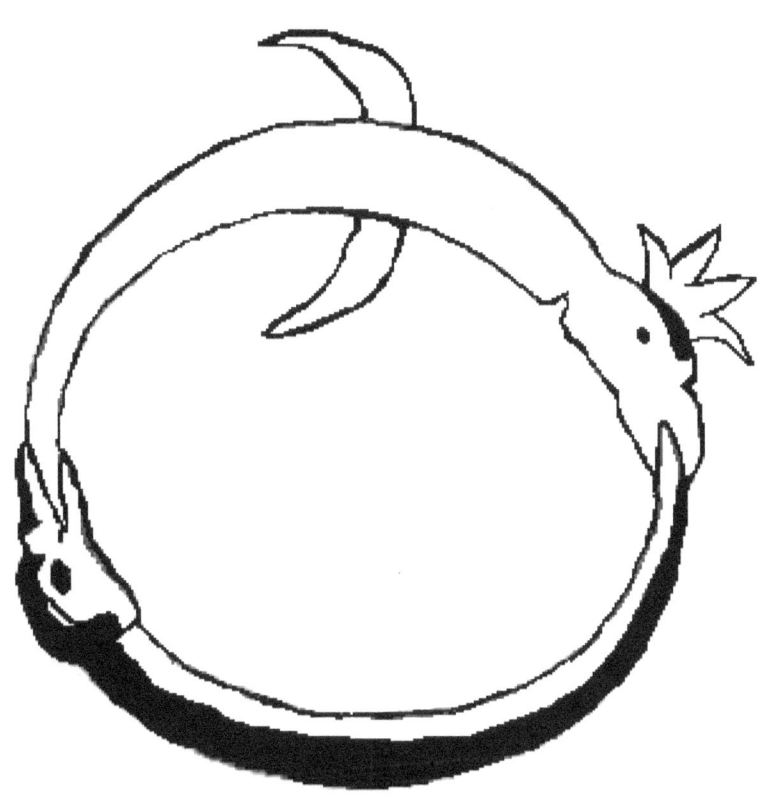

O que significa a Ourobos, a pirita de ferro fixo no vaso abaixo, o vinagre voláteis deixando o assunto e rever o leme da retorta, é em um círculo porque ele estará de volta uma e outra vez. Quando a terra seca aparecer, (a pirita é seca) o vinagre no recipiente é derramado sobre a pirita de ferro. Cada vez que este aconteceu aqui concluído virar da roda alquímica. A cada repetição o vinagre leva mais ácido sulfúrico da matéria sendo dissolvido, esta multiplicação ou exaltação (circulação) foi continuada até que todo o "ouro" (ácido sulfúrico) passou o leme. "Mercúrio" das sete águias foi-lhe dito para influenciar a lua (produzir pedra branca), "Mercúrio" de dez águias foi dito ter o poder para calcinar o sol, (finalizar exaltando a pirita na pedra filosofal). Quando o vinagre tinha assumido o ácido sulfúrico leme no receptáculo para os antigos alquimistas, então, chamou-lhe "nosso vinagre mais afiado", ou "bem atuada de mercúrio".

Atuada = ativado. O líquido tornou-se mais forte ou mais poderoso com cada volta da roda alquímica. "Queima" ou "calcinação" passa por "água" não disparem. Daí o termo alquimistas queimam com água não fogo. Uma calcinação filosófica no caminho do "molhado".

Este Ourobos representa a grande obra de sol e lua, rei e rainha, o volátil e o fixo.

Cada circulação supostamente exaltado o assunto.

6 O MÉTODO DE SENDIVOGIUS

Um vaso. Caminho molhado.

O assunto foi por terra como pó e colocado dentro do vaso. O vinagre foi adicionado e a parte superior coberta com uma capa de poeira respirável para deixar evaporação ocorrem mantendo insetos ou poeira para fora. o vinagre dissolve, extrai e sublima-se a questão. Neste tipo de sublimação alquímica a matéria dissolvida ergue-se no líquido e adere aos lados do vidro na parte superior, enquanto as impurezas caem no fundo do frasco. Na secura a pirita de ferro era molhada novamente com vinagre fresco e este processo repetido onze vezes. A primeira questão de metais (Flamels mercurial sublimado ou pedra branca) hipoteticamente preso ao vidro em primeiro lugar, a último embebição que o sal fixo (semente alquímico de ouro) foi finalmente lançado com o minério discriminado. Os dois misturaram na água durante a embebição final deixando "pedra" do filósofo preso a porção superior do frasco onde poderia ser raspada após ser permitido secar. Lá foi dito que era mais um passo após o mercurial sublimado ou "leite de virgens" foi coletado e chamava-se inceration que era para "consertar" o problema e torná-lo fundível como cera, para que ele iria suportar o fogo, e isso foi feito no calor. Agora deixe-nos compreende que as palavras de Sendivogius da nova luz química.

A primeira questão de metais é duplo, e um sem o outro não é possível criar um metal. A primeira e principal substância é a umidade do ar misturado com o calor. Esta substância os sábios chamam a mercúrio, e no mar filosófico é governada pelos raios do sol e da lua. A segunda substância é o calor seco da terra, que é chamado de enxofre.

Sua aparência é a de água oleosa, aderindo a todas as coisas puras e impuras; no entanto, em alguns lugares pode ser encontrada mais abundantemente do que nos outros porque a terra é mais aberto e poroso em um lugar do que em outro e tem uma maior força magnética. Quando se torna manifesto, é revestido em uma certa roupa, especialmente em lugares onde não tem nada a se apegar a. É conhecido pelo fato de que é composto por três princípios; Mas, como uma substância metálica é o único sem qualquer sinal visível de conjunto, exceto que pode ser chamado de sua vestimenta ou sombra, enxofre.

Os metais são produzidos desta forma: depois dos quatro elementos tem projetado seus poderes e virtudes para o centro da terra, eles são, nas mãos do archeus (água), de natureza então destilada e sublimado pelo calor do Perpétuo movimento em direção à superfície da terra. Para a terra é porosa, e o ar por destilação através dos poros da terra é resolvido em uma água da quais todas as coisas são geradas. (archeus é vinagre).

A artista só separa o que é sutil de seus elementos mais grosseiros e coloca-lo no recipiente apropriado. A natureza faz o resto. Fora de um surgem dois, e de duas surgir um.

INCERATION.

O leite"virgens" que se expressa da melhor parte da pedra é então cuidadosamente preservado em um oval, em forma de destilação vaso de vidro e é o dia-a-dia maravilhosamente alterado pelo fogo acelerado.

Crédito, Michael Sendivogius.

Isto conclui o caminho molhado de Sendivogius.

7 O CAMINHO DE FLAMEL SECO

No caminho da alquimia que já examinamos molhado do alquimista primeiro cozido seu "fogo" na sua "água" e então mais tarde assado a matéria que foi chamada inceration. O caminho seco da alquimia é a mesma, no entanto, as etapas foram simplesmente invertidas, e também foi dito para ser muito mais rápido. O caminho seco foi acreditado para ser mais perigoso desde do alquimista estava assando seus minérios, enquanto o método mais molhado supostamente produzido um produto final melhor. Durante a torrefação do minério, as mudanças de cor ocorreu Mostrar todas as cores dos Pavões, incluindo o que foi chamado de cauda banhada na glória roxa e o fogo foi continuado até o final vermelho fixo de "enxofre incombustível" foi alcançado. O fogo quebrou o assunto e queimou as impurezas do combustíveis. Isto resultou no leão vermelho, que em seguida foi subsequentemente transformado por colocá-lo na retorta como o método de Gualdus e depois prosseguindo para a embebição com o vinagre. O alquimista antigo é, em seguida, procedeu com as multiplicações ou circulações até a exaltação da matéria foi completa. Theophrastus Paracelsus preferido o alambique para o opus magnum alquímico (métodos molhados ou secos). Então para simplificar isso, o caminho seco era o mesmo que o caminho molhado exceto o assunto estava completamente assado primeiro. Durante a circulação, as mudanças de cor foram vistas novamente. Flamel escreveu sobre o dia, que ele finalmente alcançou a mestria, era conhecida por um certo cheiro, que encheu toda a casa que era semelhante ao de madressilva na primavera.

"Junte-se o homem vermelho, para a mulher branca".
Nicholas Flamel foi acreditado para ter descoberto os segredos da alquimia após uma vida de estudo diligente, também foi dito que, mesmo com o conhecimento secreto, ele permaneceu um vendedor

de livro humilde e era conhecido por doar grandes somas para instituições de caridade incluindo igrejas, hospitais e habitação para os desabrigados. Seu túmulo foi espalhado boatos para ter sido encontrado   vazio.

8 TRANSMUTAÇÃO METÁLICA

Metálica transmutação dos metais tem sido contemplada por pesquisadores há séculos. Alguns têm ponderou fusão nuclear, enquanto outros consideraram a fusão a frio. Os cientistas têm a hipótese de que o enxofre elementar é o núcleo do átomo de ouro, alguns manifestaram a sua opinião de que quando os metais são produzidos naturalmente no ativo lava fluxos oito vezes mais ouro poderia ser produzido se o enxofre está presente na equação. Os antigos alquimistas experimentaram com a ideia de quebrar os metais para extrair seu sal e enxofre princípios usando filosófico "Mercúrio" (vinagre). Uma teoria é que, talvez, estes princípios de sal e enxofre eram para ser aderido ou fundidos juntos para criar uma pedra. Acredito que a transmutação é terminologia velha, e que nesta era moderna nós pode simplificar o assunto chamando o amálgama. Em metalurgia primitiva potassa foi usada como um agente derretedura para purificar metais tão bem quanto a amalgamação. Cinza de madeira foi calcinada e moída em pó. Este material foi misturado com minérios metálicos em cadinhos e fundido antes sendo derramado em moldes e de arrefecer. A peça resultante de metal foi então soltou do molde e a escória que lascou afastado. Este processo foi acreditado para limpar o metal, separando as impurezas para o cloreto de potássio que solidificou-se no topo. Esta parece ser a base que conduzem à invenção de aço (uma forma exaltada de ferro). Uma vez que o metal foi purificado de suas impurezas estava pronto para fusão durante o qual mais do fluxo podem ser adicionado. Meu entendimento é que o metal seria ter então sido fundido novamente em um cadinho com o agente fluxing sobre um fogo de madeira e, em seguida, a massa fundida mexido com um bastão de ferro enquanto soltando a "pedra" na mistura. A agitação continuou até que o efeito desejado foi alcançado e derramado em moldes e de arrefecer geralmente em forma de barras. Pequenos travessões foram riscados no chão para servir como moldes improvisados e o amálgama resultante eram chamados barras de dedo. Estes eram barras de metal pequenas como um dedo e daí o nome.

O athanor foi a fornalha dos alquimistas. Mesmo as cinzas foram úteis para finalidades diferentes, como temos visto neste livro.

9 PEDRAS ALQUÍMICAS

Em minhas obras alquímicas ou estudos, eu comecei a experimentar na calcinação de madeira de carvalho. Eu tenho um lugar de fogo queimando madeira em que eu tento usar madeira única para que minhas cinzas sejam livres de contaminantes. O último incêndio tinha desaparecido e eu arrancado as cinzas de carvalho carbonizados. Coloquei este material em pedreiro frascos com tampas para mantê-lo limpo para meus estudos. Eu comprei uma nova caçarola com tampa, por cerca de quinze dólares em minha loja local e suspende algumas das cinzas de um pó fino em uma das minhas almofariz de vidro e macacos. Coloquei este material para o prato e fiz no meu forno por um par de horas a cerca de 300 ou mais graus. Eu desliguei o forno e fui para a cama. Alguns dias mais tarde fiz isso por mais umas horas, repetir este procedimento algumas vezes e aumentou o calor cada vez até que eu estava assando na temperatura mais alta que meu gás natural queima forno faria. Um par de horas, um par de horas lá, aumentando o calor. Um dia eu removi a tampa refrigerada para ver o que eu tinha, eu esperava ver luz cinzentas bem calcinadas cinzas... No entanto quando primeiro recolhi minhas cinzas, alguns deles eram negros pedaços de madeira carbonizada, o que eu tinha terreno a um pó fino, agora mais uma vez tive alguns pedaços de preto olhando material como ele tinha retornado à condição tivesse sido em antes ele era terra a pó... interessante. Havia uma diferença, no entanto, estes pedaços foram em forma de quadrados e retângulos e lembrou-me de pedras grandes cortadas devido os tamanhos e formas no entanto pareciam protuberâncias pretas carbonizadas. Eu decidi faria sexo com estas novamente em meu pilão, eles eram muito e quer dizer muito, difícil de quebrar. Eu temia que meu pilão quebraria o primeiro no entanto eu finalmente conseguiu quebrar uma das peças que foi muito mais difícil do que a madeira. Comecei a contemplar, madeira, cinzas, carbonizada, carvão, carbono, calor... e então amanheceu em cima de mim. Os antigos alquimistas foram rumores ter a capacidade de criar grandes pedras de rara beleza. E então naquele momento fazia sentido como fizeram a descoberta, tão simples, por acaso mesmo. Neste estudo da natureza os segredos só parecem cair na possessão do perseguidor diligente. Uma descoberta tão simples. Os escritos de Theophrastus Paracelsus oferecem um insight também a coloração das pedras alquímicas. Bhasmas metálico, extrai de minérios metálicos, sim, as pedras de filósofos de cavernas dos metais e exaltado pelas mãos dos homens. Penetrando com cor, belas tonalidades de azul, verde, azul, fogo assim de ouro transmitido em uma pedra clara, lembrando-me de topázio, o brilho do diamante, o belo vermelho do ruby tingido por ferro (Flamels Deus da guerra) e a pura elegância da Esmeralda. Os antigos também foram acreditados para ter a capacidade de dissolver as pérolas com a intenção de usar a tintura resultante para criar maior ou pérolas mais valiosas. Aqui está um pouco de bombom que encontrei na minha pesquisa, que se encaixa muito bem aqui. A rainha do Egito Cleópatra foi dito ter dissolvido pérolas em vinagre antes de consumir uma parte da tintura que ela acreditava ter qualidades medicinais ou algum tipo de saúde benefício resultante. Isto dá uma boa parte aqui de como os antigos podem ter começado um trabalho de criação de pérolas alquímicas.

10 TEORIA DA VIAGEM NO TEMPO

O tempo é medido como a Terra gira sobre seu eixo. Uma revolução basicamente equivale a 24 horas ou um dia. Como isso ocorre, que a terra também gira em torno do sol, que é o centro do nosso universo em uma direção do contador no sentido horário. Desta forma tempo está se movendo para a frente. Em um ano luz pode viajar cerca de 6 trilhões milhas, o que equivale a um ano luz. Anos e anos-luz são medidos de forma diferente e então para viajar no espaço é viajar no tempo. Desde que a Terra gira contador no sentido horário, se um ofício ou "objeto" foram a orbitar a terra na mesma direção durante uma viagem à velocidade da luz, que teoricamente estaria viajando para o futuro. Se o ofício inverter direção que isto seria considerado viajar para o passado. Outro ponto interessante é que às vezes a aeronave voa de um fuso para outro, imagina deixar esta noite e chegando ontem de manhã, agora multiplique por mais de cem milhões de vezes, aumentando a velocidade.

Steven and Belle.

MATHEW 5:13

[13] Vós sois o sal da terra: mas se o sal perder seu sabor, com o qual deve ser salgada? a partir daí é bom para nada, mas para ser expulso e ao ser pisada sob os pés dos homens.

[14] Vós sois a luz do mundo. Uma cidade que situa-se em uma colina não pode ser escondida.

[15] Nem fazem homens acenda uma vela e coloque-o debaixo do alqueire, mas sobre um castiçal; e dá luz a todos que estão na casa.

A tumba de Nicholas Flamel foi marcada com símbolos alquímicos estranhos que as pessoas não entendiam, e estes incluíram um sol, acima de uma chave, acima de um livro. O sol representa o sol alquímico, um sol de pirita, cristais de pirita de ferro. O vinagre branco chave representa e o livro, é o livro de Abraham Eleazer.

SOBRE O AUTOR

Alguns têm perguntado, se você descobriu o conhecimento da alquimia porque você compartilhá-lo com o mundo e não apenas mantê-lo por si mesmo?

Provérbios 3:16
Bendito é aquele que encontra a sabedoria;
Para ela é mais preciosa do que pérolas;
E nada que você deseja se compara com ela;
Comprimento de dias está na sua mão direita;
E em sua mão esquerda riquezas e honra;
Todos os seus caminhos são agradáveis;
E todos os seus caminhos são de paz;
Eis que, Dianna revelou.
S.A.S. 2016.

www.howtomakethephilosophersstone.com